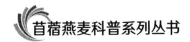

苜蓿燕麦科普系列丛书

燕麦利用篇

MUXU YANMAI KEPU XILIE CONGSHU
YANMAI LIYONG PIAN

全国畜牧总站 编

U0238561

中国农业出版社
北 京

MUXU YANMAI KEPU XILIE CONGSHU

苜蓿燕麦科普系列丛书

总 主 编：负旭江
副总主编：李新一　　陈志宏　　孙洪仁　　王加亭

YANMAI LIYONG PIAN

燕麦利用篇

主　　编　张　微

副 主 编　段春辉　李志强

编写人员（按姓氏笔画排序）

　　　　　　刁小高　王建丽　刘　杰　刘胜寒　闫　敏

　　　　　　杨雨鑫　李志强　李　森　张　微　武子元

　　　　　　赵恩泽　赵鸿鑫　段春辉　董永平　程　晨

美　　编　申忠宝　梅　雨

前 言

　　20 世纪 80 年代初，我国就提出"立草为业"和"发展草业"，但受"以粮为纲"思想影响和资源技术等方面的制约，饲草产业长期处于缓慢发展阶段。21 世纪初，我国实施西部大开发战略，推动了饲草产业发展。特别是 2008 年"三鹿奶粉"事件后，人们对饲草产业在奶业发展中的重要性有了更加深刻的认识。2015 年中央 1 号文件明确要求大力发展草牧业，农业部出台了《全国种植业结构调整规划（2016—2020 年）》《关于促进草牧业发展的指导意见》《关于北方农牧交错带农业结构调整的指导意见》等文件，实施了粮改饲试点、振兴奶业苜蓿发展行动、南方现代草地畜牧业推进行动等项目，饲草产业和草牧融合加快发展，集约化和规模化水平显著提高，产业链条逐步延伸完善，科技支撑能力持续增强，草食畜产品供给能力不断提升，各类生产经营主体不断涌现，既有从事较大规模饲草生产加工的企业和合作社，也有饲草种植大户和一家一户种养结合的生产者，饲草产业迎来了重要的发展机遇期。

　　苜蓿作为"牧草之王"，既是全球发展饲草产业的重要豆科牧草，也是我国进口量最大的饲草产品；燕麦适应性强、适口性好，已成为我国北方和西部地区草食家畜饲喂的主要禾本科饲草。随着人们对饲草产业重要性认识的不断加深和牛羊等草食畜禽生产的加快发展，我国对饲草的需求量持续增长，草产品的进口量也逐年增加，苜蓿和燕麦在饲草产业中的地位日

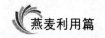

益凸显。

发展苜蓿和燕麦产业是一个系统工程,既包括苜蓿和燕麦种质资源保护利用、新品种培育、种植管理、收获加工、科学饲喂等环节;也包括企业、合作社、种植大户、家庭农牧场等新型生产经营主体的培育壮大。根据不同生产经营主体的需求,开展先进适用科学技术的创新集成和普及应用,对于促进苜蓿和燕麦产业持续较快健康发展具有重要作用。

全国畜牧总站组织有关专家学者和生产一线人员编写了《苜蓿燕麦科普系列丛书》,分别包括种质篇、育种篇、种植篇、植保篇、加工篇、利用篇等,全部采用宣传画辅助文字说明的方式,面向科技推广工作者和产业生产经营者,用系统、生动、形象的方式推广普及苜蓿和燕麦的科学知识及实用技术。

本系列丛书的撰写工作得到了中国农业大学、甘肃农业大学、中国农业科学院草原研究所、北京畜牧兽医研究所、植物保护研究所、黑龙江省农业科学院草业研究所等单位的大力支持。参加编写的同志克服了工作繁忙、经验不足等困难,加班加点查阅和研究文献资料,多次修改完善文稿,付出了大量心血和汗水。在成书之际,谨对各位专家学者、编写人员的辛勤付出及相关单位的大力支持表示诚挚的谢意!

书中疏漏之处,敬请读者批评指正。

目 录

一、反刍动物的消化生理特征

(一) 反刍动物的消化生理结构

1. 反刍动物的四个胃分别是什么?

反刍动物具有特别的四胃结构,即瘤胃、网胃、瓣胃、皱胃,其中前三个胃没有消化腺,不能分泌胃液,第四个胃才是具有分泌胃液功能的真胃。

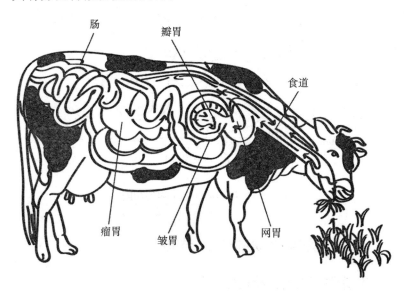

图1-1　反刍动物的四个胃

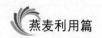

2. 反刍动物四个胃的功能分别是什么？

瘤胃是四个胃中最大的胃，短时间内采食的未经充分咀嚼的饲草主要储存在瘤胃中，瘤胃是微生物消化的主要场所。网胃位于瘤胃前部，主要功能就像筛子，随着饲料吃进去的重物，如钉子和铁丝，都会被网胃阻挡而留在里面。瓣胃是第三个胃，其内部表面排列新月状的瓣叶，对食物起机械压榨作用。皱胃的功能类似于单胃动物的胃，其黏膜腺体分泌的消化液里面含有多种酶，对食物进行化学性消化。

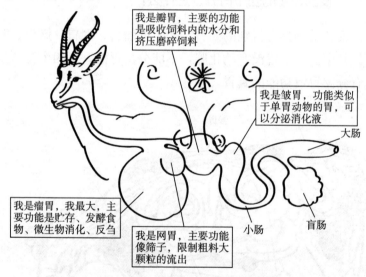

图 1-2　反刍动物四个胃的功能

（二）反刍动物的消化特点

3. 瘤胃消化的真相是什么？

瘤胃是反刍动物碳水化合物消化的主要场所。碳水化合物中的糖和果胶在瘤胃的降解非常迅速，其次为淀粉，最后为可消化纤维。瘤胃壁具有强大的收缩功能，能揉磨搅拌食物，瘤胃不分泌消化液，但是瘤胃中存在着大量微生物。这些微生物主要在以下两个方面发挥着重要作用：第一，分解粗纤维，产生大量的有机酸，即挥发性脂肪酸，是反刍动物重要的能量来源，占反刍动物能量需求的 $60\% \sim 80\%$；第二，瘤胃微生物可以利用日粮中的非蛋白氮和植物性蛋白质合成微生物蛋白质，提供了反刍动物大约 80% 的蛋白质需求。微生物蛋白可以被小肠快速吸收，是最为经济的蛋白质来源。

图 1-3　反刍动物瘤胃中微生物的主要作用

4. 什么是反刍？

牛羊等反刍动物在食物消化前把食团逆呕到口腔中，经过再咀嚼、再混合唾液、再吞咽，这一过程即为反刍。反刍能使饲料进一步磨碎、变细，并不断地进入后面的消化道中，加速消化进程，这样能使牛羊采食更多的饲料。观察牛羊的反刍正

常与否是评价其健康的一个重要手段。

图 1-4　什么是反刍

二、燕麦的营养价值

5. 哪些因素会影响燕麦粗蛋白含量?

影响燕麦干草粗蛋白含量的因素很多,比如刈割期。目前燕麦草的最佳刈割期也存有争议,国内学者普遍认为最佳刈割期为抽穗期、开花期,而国外学者认为最佳刈割期为燕麦乳熟末期。在抽穗期、开花期收获的燕麦干草粗蛋白含量较高,但干物质积累不是最高。而乳熟末期收获的燕麦干草干物质积累高,但粗蛋白含量偏低。

影响燕麦干草粗蛋白含量的因素有哪些?

主要包括品种、生育期等。在抽穗期、开花期收获的燕麦干草粗蛋白含量较高,但此时的干物质积累不是最高,而乳熟末期收获的燕麦干草,干物质积累高,但是粗蛋白含量偏低

图 2-1　影响燕麦粗蛋白含量的因素

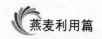
6. 燕麦粗蛋白与反刍动物的营养关系?

虽然燕麦干草的蛋白含量不是很高，但是蛋白中的过瘤胃蛋白（不在瘤胃中分解，而在小肠中分解的蛋白质）所占比例较高。苜蓿干草蛋白质含量高，但是蛋白中的过瘤胃蛋白较少，所以将燕麦草与苜蓿草组合搭配，既可增加过瘤胃蛋白比例，又能维持瘤胃可降解蛋白（在瘤胃中分解的蛋白质）与过瘤胃蛋白之间的平衡，减少蛋白质的浪费。

图 2-2　燕麦粗蛋白对反刍动物的意义

7. 燕麦为何有较高的能量水平?

燕麦草的非结构性碳水化合物及水溶性碳水化合物含量均高于苜蓿干草。燕麦草中水溶性碳水化合物主要是果胶，可以在瘤胃中快速降解，为反刍动物的正常生理活动提供能量。燕麦籽粒中脂肪含量大于 4.5％，比大麦和小麦高 2 倍以上。利用燕麦草能值较高、粗蛋白质含量相对较低的特点，与苜蓿草、糟渣类副产品搭配使用，既可提高日粮的能量水平，又不会使粗蛋白过多，达到能量和蛋白的平衡，提高饲料利用率。

图 2-3 燕麦草为何有较高的能量水平

8. 燕麦为何有较高的饲喂价值?

燕麦干草中的纤维木质化程度低，非常柔软，具有一定韧性，即便是非常干燥的燕麦草叶片，用力捻压都不会成为粉末状，可有效降低叶片损失。燕麦草作为优质牧草，有效纤维（指一定长度、具有刺激反刍作用的纤维）含量高，能够有效刺激瘤胃的消化功能，促进蛋白质和其他营养元素的吸收，从

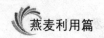

而促使反刍动物整体机能的增强。

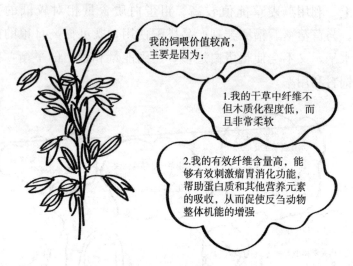

图 2 - 4 燕麦为何有较高的饲喂价值

三、燕麦在反刍动物中的应用

（一）燕麦在奶牛养殖中的应用

9. 燕麦青贮在奶牛上如何应用?

在我国燕麦种植区，收获的燕麦既可以用来调制干草，也可以制作青贮饲料，但调制干草易受天气的影响，青贮是在不

我被制作成青贮后，优点比较多

青绿多汁、适口性好、耐贮藏

可最大限度地保持原有的营养价值，而且燕麦草青贮的粗蛋白消化率高

易收获、易调制、机械化程度高、受天气影响小

图 3-1　燕麦青贮的优点

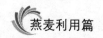

适合调制干草时的一种较好的贮藏方法。燕麦青贮不仅具有青绿多汁、适口性好、耐贮藏等特点，还具有易收获、易调制、机械化程度高、受天气影响小等优点，可最大限度地保持原有的营养价值。燕麦收割越早，营养价值越高，但干物质产量较低，且青贮效果不好。而随着生长期的延长，粗蛋白含量下降、粗纤维含量增加。

有些牧场实践证明，燕麦青贮代替全株玉米青贮能够提高奶牛产奶量。虽然燕麦青贮成本高于玉米青贮，但是饲喂后由于奶牛产奶量提高，乳成分改善，提高了牛奶售价，从而提高了养殖效益。如果有条件使用燕麦青贮，推荐每头牛每天燕麦青贮的饲喂量为 10～15kg。

图 3-2　燕麦青贮饲喂奶牛

10. 燕麦干草在犊牛上如何应用?

燕麦干草质地柔软易消化,糖分含量较高,拥有"甜干草"的美誉,适口性非常好,犊牛特别喜爱采食。在生产实践中,国内有的牧场在犊牛断奶后饲喂 60% 的犊牛专用生长料,然后补饲 40% 的优质燕麦草,但是燕麦草的切割长度要小于 5cm。

图 3-3　燕麦干草在犊牛上应用

11. 燕麦干草在高产牛上如何应用?

任何一个牧场要想获得较高的产奶量和乳品质,必须要有足够数量的优质粗饲料做后盾。粗饲料中的品质是影响奶牛干物质采食量和产奶量的主要因素之一。因此,想让牛群长久健康、高产,不能饲喂单一品种饲草,优质粗饲料种类应该尽量丰富,以改变以往的"劣质单一粗饲料+高精料"的日粮模式。牧场可以利用燕麦干草、紫花苜蓿、东北羊草、全株玉米青贮等多种粗饲料的优势互补效应,使其营养吸收全面、合

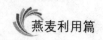

理、均衡。如燕麦干草的蛋白含量不是很高，但是过瘤胃蛋白所占比例较高，苜蓿草虽然蛋白含量很高（18%～20%），但过瘤胃蛋白较少。将燕麦草与苜蓿草组合搭配，既可增加过瘤胃蛋白比例，又能维持瘤胃可降解蛋白与过瘤胃蛋白之间的平衡，对维持乳蛋白率具有重要意义。利用燕麦草能值较高、粗蛋白质含量相对较低的特点与苜蓿草、糟渣类副产品搭配应用，实现奶牛日粮各项营养物质的均衡，避免营养物质的浪费。

图 3-4　燕麦干草在高产牛上应用

　　在生产中还可利用燕麦干草适口性好的优点与全株玉米、玉米秸秆、苜蓿等多种粗饲料混合搭配，既能提高高产牛的干物质采食量，还能使粗饲料的利用效率提高，同时可降低精料投喂量大约 1～1.5kg/（头·d）。推荐粗饲料搭配：燕麦干草1.5～2kg/（头·d），优质苜蓿干草 3.5～4kg/（头·d），全株玉米青贮 20～22kg/（头·d），再添加些短纤维饲料如大豆皮、玉米皮、全棉籽、甜菜粕、鲜啤酒糟等。

　　某集团牧场下属一牛场，用 0.5kg 燕麦搭配 0.5kg 羊草，泌乳牛单产 33kg，乳脂维持 3.72％，蛋白 3.21％。

某集团化牧场下属一牛场

用0.5kg燕麦搭配0.5kg羊草，泌乳牛单产33kg，乳脂维持3.72%，蛋白3.21%

图 3 - 5　某集团化牧场下属一牛场泌乳牛燕麦利用情况

河北张家口某小型牛场，利用燕麦将羊草全部替换，产奶量由 24kg 提高到 25.5kg，乳脂率维持在 3.85％，乳蛋白率维持在 3.34％。

利用燕麦将羊草全部替换，产奶量由24kg提高到25.5kg

图 3 - 6　河北张家口某小型牛场燕麦利用情况

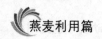

12. 燕麦干草在围产前期奶牛上如何应用?

围产前期是指产前 21d 的奶牛。根据围产前期奶牛的生理特点，此时奶牛的营养应维持高磷、低钙、低钾，保持产前牛体况健壮而不过肥。围产前期建议饲料搭配要保证日粮中含有足量的有效纤维，以促进瘤胃功能的正常发挥。生产实践以及研究表明，燕麦干草适口性好，消化率高，矿物质元素钙和钾含量低，适合围产前期奶牛的生理要求。所以在围产前期奶牛日粮中添加燕麦草，不仅可以提高采食量，还可以维护母体健康及胎儿的正常生长发育，降低产后疾病的发生几率。

图 3-7 围产前期奶牛燕麦干草利用情况

（二）燕麦在养羊上的应用

13. 燕麦青贮在羊生产中如何应用?

众多试验研究表明，燕麦青贮不仅能保持原有的营养价值，而且燕麦青贮的粗蛋白消化率高于玉米青贮。

乳熟期收割的燕麦青贮后作为补饲料饲喂妊娠期母羊，可使母羊泌乳量增加，使羔羊初生重、4 月龄体重平均增长0.54kg 和 1.34kg。

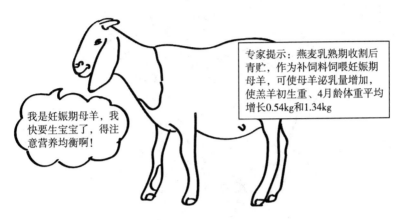

图 3-8　妊娠期母羊饲喂燕麦青贮情况

青贮燕麦与青贮苜蓿混合饲喂育肥羔羊，不同混合比例均有较好的育肥效果，可使羔羊采食量和日增重增加，青贮燕麦与青贮苜蓿混合比例为 3∶7 时饲养效益最好。研究发现，乳熟期收割的燕麦草进行捆裹青贮后饲喂幼年藏系羊比乳熟期收割的燕麦干草饲料转化率高 8.2%。

分别用不同禾本科牧草青贮（燕麦青贮、苏丹草青贮、高丹草青贮）饲喂育肥期滩羊，发现燕麦青贮组、苏丹草青贮组、高丹草青贮组滩羊育肥期的平均日增重分别为 175.20g、185.07g、159.79g，燕麦青贮和苏丹草青贮的育肥效果明显优于高丹草青贮。燕麦青贮组的熟肉率、系水力高于苏丹草青贮组和高丹草青贮组，肌肉剪切力分别比苏丹草青贮组和高丹草青贮组降低 29.65%、22.12%。以上结果说明使用燕麦青贮可以改善滩羊的肉品质。

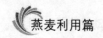

青贮燕麦与青贮苜蓿混合比例为3：7时，饲喂育肥羔羊效益最好。乳熟期收割的燕麦草进行捆裹青贮后饲喂幼年藏系羊比乳熟期收割的燕麦干草饲料转化率高8.2%。

燕麦青贮饲喂育肥羔羊，饲喂效果怎么样啊？

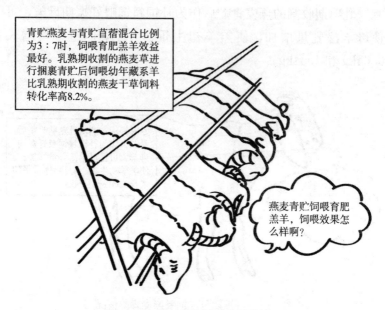

图 3-9 燕麦青贮饲喂育肥羊情况

燕麦青贮饲喂育肥期滩羊，效果怎么样啊？

燕麦青贮饲喂滩羊育肥期的平均日增重分别为175.20g，熟肉率、系水力高于苏丹草青贮组和高丹草青贮组，肌肉剪切力分别比苏丹草青贮组和高丹草青贮组降低29.65%、22.12%。说明，相较于其他禾本科牧草青贮，使用燕麦青贮可以改善滩羊的肉品质

图 3-10 燕麦青贮饲喂育肥滩羊情况

14. 燕麦干草在羊生产中如何应用?

陕西某良种奶山羊场饲养萨能奶山羊 5 000 只。苜蓿干草和燕麦干草饲喂量为 2.20kg/(只·d),占日粮粗饲料的 60%,提高了奶山羊采食量。苜蓿干草水分含量 10% 左右,粗蛋白质含量 12%~16%。苜蓿干草到场价格 2 500~2 600 元/t,燕麦草 2 200~2 300 元/t。该公司的经验是饲喂时按需取用,减少浪费,饲喂定时定量,对霉变的草及时挑除。

某羊场饲养萨能奶山羊5 000只。使用苜蓿干草和燕麦干草每只饲喂量2.20kg/天,占日粮粗饲料的60%。各个阶段羊只使用效果良好,能够提高奶山羊采食量,增强抵抗力

图 3-11 陕西某良种奶山羊羊场燕麦饲喂情况

陕西宝鸡某肉羊养殖公司饲养波尔山羊 1 200 只。苜蓿干草和燕麦干草来源于甘肃省河西走廊。燕麦干草粗蛋白质含量 16.0%,到场价格 2 200 元/t;苜蓿干草水分含量 10% 左右,粗蛋白质含量 18.5%,到场价格 2 700~2 800 元/t。苜蓿和燕麦干草饲喂量 1.5kg/(只·d),和全株玉米青贮混合成 TMR 使用。该公司使用燕麦干草的经验是饲喂时应铡短,否则浪费严重。

四川某农牧公司饲养简州大耳羊 1 700 只。燕麦干草产地在甘肃省河西走廊,粗蛋白质含量 16%,到场价格 2 200 元/t。苜

我公司饲养波尔山羊1 200只。苜蓿干草粗蛋白质含量18.5%，燕麦草粗蛋白质含量16.0%；苜蓿和燕麦草饲喂量每天1.5kg/只，和全株玉米青贮混合TMR饲料使用。除羔羊外其他各个阶段羊只均可使用，效果较好

图 3-12　陕西宝鸡某肉羊养殖公司燕麦饲喂情况

我公司饲养简州大耳羊1 700只。我们使用苜蓿和燕麦草每天饲喂量1.5kg/只，和全株玉米青贮混合TMR饲料使用。除羔羊外其他各个阶段羊只均可使用，效果较好

图 3-13　四川某农牧公司养羊饲喂燕麦情况

蓿是美国进口苜蓿，苜蓿干草粗蛋白质含量 21%，到场价格
3 000元/t。该公司的饲喂方式是苜蓿和燕麦干草饲喂量
1.5kg/(只·d)，和全株玉米青贮混合成 TMR 饲喂。

甘肃某公司饲养湖羊、东佛里生羊及其杂交后代 5 000
只。苜蓿干草和燕麦干草除自产外，部分购自甘肃省河西走
廊。该公司建议苜蓿和燕麦干草饲喂量 0.8~1.2kg/(只·d)，
占日粮粗饲料的 80%，其余粗饲料为全株玉米青贮。

图 3-14　甘肃某公司养羊饲喂燕麦情况

15. 燕麦饲喂羊应该注意什么?

燕麦青饲使用时，应在抽穗期收割，此时蛋白质含量高，
产草量也较高。调制干草使用时可在开花期收割，能增加收
获量。

燕麦青贮的蛋白、能量及钙的含量低，因此相比于苜蓿青
贮和玉米青贮，燕麦青贮不适合单独饲喂育肥羊，可在育成期

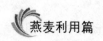

和母羊断奶期使用。开始饲喂燕麦青贮时，燕麦青贮要由少到多逐渐增加用量，停止饲喂时由多到少逐渐减少用量。

不能长期用燕麦干草作为唯一的粗饲料来源饲喂羊。燕麦干草蛋白含量低，长期单独作为粗饲料使用不能满足羊的营养需要，而且易使羊患瘤胃迟缓病。应搭配豆科牧草或其他优质青绿饲料使用，并注意补充钙和磷。

（三）燕麦草在 TMR 中的应用

16. TMR 是什么?

TMR 是全混合日粮的英文名称（Total Mixed Rations）的缩写。所谓全混合日粮是一种将粗料、精料、矿物质、维生素和其他添加剂充分混合，能够提供足够的营养以满足动物营养

图 3-15　TMR 是什么

需要的配合饲料。这种配合饲料通过特定的机械设备和加工工艺可以确保饲料配方的准确性，能够保证动物采食的每一口日粮都是精粗比例稳定、营养浓度一致的全价日粮。TMR加工过程中饲草料的加料顺序和加料量的准确性、搅拌时间的控制等是配方得以实施的基础，是保证畜禽生产性能稳定的重要环节。TMR技术广泛用在奶牛上，现在在肉牛和养羊上也得到了推广。

17. TMR 制作的原则是什么?

TMR 日粮制作应遵循先长后短、先干后湿、先粗后精、先轻后重的原则，添加顺序依次为干草、精料、辅料、青贮、水。如果配方中使用燕麦干草，因为其质地柔软，具有一定韧性，不易切割。因此在实际生产应用中，燕麦草最好用铡草机或者是 TMR 搅拌车提前预处理切短，否则会影响搅拌效果。

图 3-16　TMR 制作原则是什么

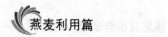

18. TMR 的制作效果如何评价？

目前公认的评价日粮混合效果的方法是宾州筛法。宾州筛是美国宾夕法尼亚州立大学发明的一种用于评价 TMR 日粮制作效果的工具，下面简单介绍宾州筛的使用方法。

工具准备：宾州筛、托盘（塑料盆或杯）、计算器、笔记本和笔。

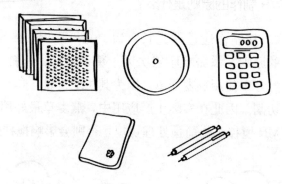

图 3-17　工具准备

宾州筛拼接：首先将宾州筛各层按孔从小到大，从下到上拼接好，置于一水平面上。

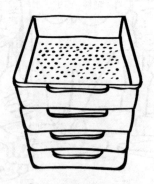

图 3-18　宾州筛拼接

取样：随机分 6 个点选取一定量的新鲜饲料（TMR）样品，将取出的 400～500g 饲料样品置于第一层筛上。

操作：置于平整面上进行筛分，每一面筛 5 次，然后 90°旋转到另一面再筛 5 次，如此循环 7 次，共计筛 8 面，40 次。注意在筛分的过程中不要出现垂直振动。筛分过程中还要注意力度和频率，保证饲料颗粒能够在筛面上滑动，让小于筛孔的饲料颗粒掉入下一层。推荐

图 3-19　取样

的频率为大于 1.1Hz（每秒筛 1.1 次），幅度为 17cm。

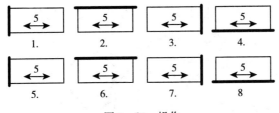

图 3-20　操作

宾州筛每一层孔径大小的含义：

第一层：19mm 筛层主要针对可浮在瘤胃上层的粒径较大的粗饲料和饲料颗粒，这部分饲料需要不断的反刍才能消化。

第二层：8mm 筛层主要收集粗饲料颗粒，这部分饲料不需要反刍动物过多地反刍，可以在瘤胃中更快地降解，更快地被微生物分解利用。

第三层：4mm 筛层主要是评价饲料是否对奶牛具有物理

有效性。标准是饲料颗粒度通过瘤胃，且在粪便中的残留低于5％。近年来的研究表明，这个临界值应该在 4mm 左右，所以说 4mm 筛在评价物理有效纤维方面更加准确。

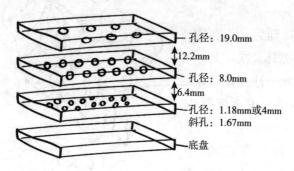

图 3-21　宾州筛每一层孔径大小

19. TMR 常见问题如何解决？

第一层比例太低的影响、原因以及改进措施。

图 3-22　TMR 常见问题 1 及如何解决

第一层比例过高的影响、原因以及改进措施。

图 3 - 23　TMR 常见问题 2 及如何解决

TMR 日粮水分不稳定的影响、原因以及改进措施。

图 3 - 24　TMR 常见问题 3 及如何解决

YANMAI LIYONG PIAN

参考文献

崔海，王加启，卜登攀，等.2010. 燕麦饲料在动物生产中的应用
　　［J］. 中国畜牧兽医（6）：214-217.

贺忠勇.2015. 燕麦干草在奶牛生产中的优势及应用［J］. 中国奶牛
　　（17）：12-14.

李志强.2018. 燕麦青贮研究进展［J］. 西南民族大学学报（1）：
　　1-5.

刘欢欢.2019. 燕麦草营养价值评定方法的研究进展［J］. 饲料研究
　　（7）：110-113.

马吉锋，于洋，王建东，等.2018. 燕麦草、苏丹草、高丹草青贮对
　　滩羊生产性能及肉品质影响的研究［J］. 饲料工业（22）：26-32.

祁果.2011. 捆裹青贮燕麦草饲喂幼龄绵羊增重效果对比试验研究
　　［J］. 畜牧兽医杂志（4）：111-112.

祁红霞，杨勤，石红梅，等.2017. 不同粗饲料对甘南藏羊舍饲育肥
　　试验的影响［J］. 畜牧兽医杂志（2）：16-18.

王亮亮，胡跃高，关鸣，等.2011. 燕麦青干草和东北羊草对奶牛产
　　奶量及乳成分的影响［J］. 中国奶牛（23）：43-44.

王文奎，周金梅，王统华.2002. 燕麦＋箭豆混播和燕麦单播青干草
　　的绵羊育肥增重效果［J］. 青海草业（1）：51.

衣艳秋，唐丹，袁英良，等.2017. 肉羊日粮苜蓿和燕麦草组合体外
　　法试验［J］. 中国畜禽种业（11）：84-87.

张毕阳，赵桂琴.2018. 燕麦干草与青贮玉米不同组合对绵羊生产性
　　能和消化代谢的影响［J］. 草原与草坪，38（2）：19-24.

赵桂琴.2007.饲用燕麦研究进展 [J].草业学报（8）：116-125.

周瑞，赵生国，刘立山，等.2016.饲粮中燕麦干草含量对绵羊瘤胃液 pH 及微生物区系的影响 [J].动物营养学报（5）：1589-1597.

图书在版编目（CIP）数据

苜蓿燕麦科普系列丛书．燕麦利用篇／贠旭江总主
编；全国畜牧总站编．—北京：中国农业出版社，
2020.12（2023.11 重印）
　ISBN 978-7-109-27466-2

　Ⅰ.①苜…　Ⅱ.①贠…②全…　Ⅲ.①燕麦－综合利
用　Ⅳ.①S541②S512.6

中国版本图书馆 CIP 数据核字（2020）第 195718 号

中国农业出版社出版
地址：北京市朝阳区麦子店街 18 号楼
邮编：100125
责任编辑：赵　刚
版式设计：王　晨　　责任校对：赵　硕
印刷：中农印务有限公司
版次：2020 年 12 月第 1 版
印次：2023 年 11 月北京第 2 次印刷
发行：新华书店北京发行所
开本：880mm×1230mm　1/32
印张：1.25
字数：26 千字
定价：20.00 元
